A. GODIN
INGÉNIEUR DES PONTS ET CHAUSSÉES

LA RÉPARATION
DES
MAISONS ENDOMMAGÉES
PAR LA GUERRE

MOYENS D'ENSEMBLE ET PROCÉDÉS ÉCONOMIQUES

DÉPENSES — DÉLAIS

BERGER-LEVRAULT, ÉDITEURS

PARIS	NANCY
5-7, RUE DES BEAUX-ARTS	RUE DES GLACIS, 18

1916

A. GODIN

INGÉNIEUR DES PONTS ET CHAUSSÉES

LA RÉPARATION

DES

MAISONS ENDOMMAGÉES

PAR LA GUERRE

MOYENS D'ENSEMBLE ET PROCÉDÉS ÉCONOMIQUES

DÉPENSES — DÉLAIS

BERGER-LEVRAULT, ÉDITEURS

PARIS | NANCY
5-7, RUE DES BEAUX-ARTS | RUE DES GLACIS, 18
1916

INTRODUCTION

Depuis que la glorieuse victoire française de la Marne a fait reculer les Allemands d'une centaine de kilomètres, on a pu constater dans quel état de ruine ils mettent les villes et les villages qu'ils occupent militairement.

Ce que l'on voit permet de se faire une idée de l'étendue des désastres qu'ils laisseront derrière eux, lorsqu'ils auront été chassés des territoires auxquels ils se cramponnent avec opiniâtreté dans l'espoir de conserver des gages à offrir au moment de la paix.

Dès la cessation des hostilités, les nations envahies s'empresseront, par intérêt et par devoir, de procéder rapidement à la réparation des ruines accumulées sur les divers théâtres de la guerre, pour faire cesser les souffrances de ceux qui auront subi le joug odieux de l'ennemi.

Le point de droit de cette question des réparations, les mesures administratives et financières qui s'y rattachent, ont été déjà longuement discutés. Mais aucune étude technique d'ensemble, à notre connaissance, n'a encore été faite, sur les innombrables travaux qu'il s'agira d'effectuer aux maisons endommagées.

Quels seront les moyens les plus efficaces à employer pour effacer dans les villes et villages les traces de l'invasion?

Paiera-t-on des indemnités aux victimes — nous pouvons dire aux sinistrés — en les laissant se débattre au milieu des difficultés? Ou bien, en raison de l'étendue des désastres, de leur caractère national et de l'urgence de leur réparation, ne conviendra-t-il pas que l'État se charge de rétablir les lieux?

Si on les consultait en ce moment, peut-être beaucoup d'intéressés se prononceraient-ils pour l'indemnité. L'argent fascine toujours un peu ceux qui sont dans le malheur, et semble apporter avec lui un soulagement immédiat. Mais ce n'est qu'une illusion qui pourrait engendrer bien des regrets.

Le but de cette étude sur *La Réparation*

des maisons endommagées par la guerre est précisément de montrer les inconvénients que présenterait le système généralisé de l'indemnité pour le relèvement économique rapide des régions envahies ; puis de prouver qu'une organisation d'ensemble, faite par l'État ou sous son égide, pour l'exécution des travaux, permettrait de dépenser moins et d'aboutir plus vite qu'avec le régime des travaux individuels.

Or, plus que jamais, les économies doivent être recherchées. En suivant la méthode que nous indiquons, en adoptant les procédés spéciaux que nous préconisons, on en trouvera pour plusieurs centaines de millions.

Nous nous estimerons heureux, si nous contribuons à faire ressortir aux yeux du public les grands avantages de l'*organisation* dans une aussi vaste entreprise, et si, en renseignant les intéressés, nous leur permettons de s'aider pour diminuer la durée de leurs maux.

Cherbourg, décembre 1915.

LA RÉPARATION

DES

MAISONS ENDOMMAGÉES

PAR LA GUERRE

MOYENS D'ENSEMBLE ET PROCÉDÉS ÉCONOMIQUES

DÉPENSES — DÉLAIS

Considérations générales. — Au lendemain de la guerre, le problème dont la solution s'imposera avec le plus d'urgence, dans les pays qui auront subi l'envahissement des hordes allemandes, sera certainement celui de la reconstruction des maisons démolies.

Il semble bien qu'on envisage partout cette œuvre comme un devoir national qu'il faudra accomplir avec autant de vigueur que la guerre elle-même. Comment en serait-il autrement, puisque la dévastation périodique des régions frontières est la conséquence directe et fatale des guerres dont dépend le sort de la nation entière ?

Déjà, en France, le Gouvernement a pris l'engagement, devant les Chambres, de mettre à la charge de l'État la réparation des dommages causés aux propriétés privées par la guerre. Cette décision a été unanimement approuvée dans le pays comme une conséquence de l'union sacrée [1].

Toutefois des divergences d'opinion se sont produites sur la forme d'intervention la plus efficace à employer en ce qui concerne la réparation des propriétés bâties. Dès qu'on réfléchit à la question, on s'aperçoit qu'elle est compliquée par la nécessité dans laquelle on se trouvera de résoudre en même temps les difficultés de la main-d'œuvre, des transports et de l'insuffisance industrielle.

Dans ces conditions, l'État se bornera-t-il à payer à chacun des sinistrés une indemnité, en se désintéressant du mode et des délais d'exécution des travaux ? Ou bien, utilisant son crédit, ses ressources matérielles et son personnel technique, entreprendra-t-il lui-même les travaux, avec le concours des départements et des communes, pour réparer les ruines plus vite et plus économiquement ?

A première vue, l'indemnité paraît préférable,

---

[1] La même décision sera probablement prise par ceux des gouvernements alliés dont les territoires ont été envahis. Les moyens que nous préconisons seront applicables dans ces pays aussi bien qu'en France, afin de réduire le plus possible la durée et la dépense des travaux.

parce qu'elle semble apporter un soulagement plus rapide. En pratique, elle présentera de grands inconvénients. D'une part, en effet, la fixation des chiffres sera malaisée, la base des évaluations dans une telle tourmente économique étant forcément incertaine et arbitraire. D'autre part, les sinistrés livrés à eux-mêmes seront souvent très embarrassés, sans compétence, sans conseils techniques, sans idées directrices, pour tirer un bon parti de leur argent dans les régions dévastées, complètement dépourvues de moyens de transports, de main-d'œuvre et de commerce. N'y a-t-il pas à craindre de voir des intermédiaires abuser de leur ignorance des travaux et de leur détresse? La hausse persistante des prix, les difficultés matérielles de toutes sortes ne paralyseront-elles pas leurs efforts? On peut affirmer, sans crainte de se tromper, que les travaux de réparation, ainsi exécutés individuellement, seront onéreux et très lents. Souvent même, l'indemnité se trouvera dépensée avant l'entier achèvement des logis.

Au contraire, si l'État, les départements ou des syndicats de communes, se substituant aux individus, se chargeaient des travaux, la plupart de ces difficultés s'atténueraient rapidement, puis disparaîtraient. En groupant les travaux dans de grands chantiers régionaux, sous la direction d'ingénieurs et d'architectes de l'État, des départements et des villes, il deviendrait possible de bénéficier des avantages de la production en grand, grâce à l'emploi d'un outillage mécanique approprié. De plus, la main-d'œuvre locale, renforcée par des ouvriers coloniaux, étrangers ou militaires, serait concentrée sous la même autorité, avec des salaires stables, au lieu d'être disputée à prix d'argent entre les malheureux habitants.

Ce simple aperçu permet d'entrevoir combien cette organisation méthodique serait, à elle seule, susceptible de faciliter la réparation des ruines.

Dans cette hypothèse de l'exécution des travaux collectivement, par régions, nous nous proposons d'exposer en détails une méthode d'ensemble rationnelle ainsi que des procédés économiques de construction permettant de réduire considérablement la main-d'œuvre des ouvriers d'art, d'accélérer les travaux et d'en diminuer le prix.

Ces procédés, les uns très anciens, les autres récents, pourront presque tous être appliqués facilement par les sinistrés eux-mêmes, groupés ou isolés, si on leur fournit des matériaux et des renseignements pratiques sur place.

Principes de la méthode générale à employer pour les travaux. — S'il est une vérité que la guerre actuelle a brusquement mise en évidence, c'est bien la supériorité que donne en toutes choses la puissance de l'organisation longuement étudiée et rigoureusement appliquée. Les avantages incontestables que les Allemands ont retirés de leur méticuleuse préparation nous ont conduit à penser que la même méthode serait, entre nos mains, aussi utile pour la réparation des ruines, après la guerre, qu'elle l'a été dans les leurs pour l'accumulation des désastres pendant l'invasion.

La méthode que nous préconisons repose sur les principes suivants :

1° Maintien du lotissement ancien des propriétés bâties ;

2° Conservation de toutes les maçonneries non renversées et utilisation, dans les réparations, de tous les matériaux de démolition (charpentes, menuiserie, pierres, briques, tuiles, etc...) ;

3° Remplacement, dans la construction des nouveaux murs, de la maçonnerie ordinaire par le béton de chaux ou le pisé moulés entre des banches, par la maçonnerie de pierres sèches ou la maçonnerie hourdée au mortier de terre ;

4° Construction des combles et planchers détruits avec des poutrelles en béton armé moulées à l'avance pour remplacer le bois et le fer, qui seront trop chers.

Remplacement de la tuile et de l'ardoise qui pourront faire défaut par la tôle ondulée, le fibrociment, le carton bitumé ou le chaume ;

5° Uniformisation générale des dimensions des ouvertures des portes et fenêtres à reconstruire, afin de pouvoir faire usiner économiquement les menuiseries en bois ou en fer à l'avance, dans les ateliers mécaniques des régions non envahies ;

6° Emploi, dans les principaux chantiers des agglomérations à reconstruire, des engins mécaniques indispensables dans les travaux importants bien organisés, tels que : grues à vapeur roulantes avec bennes piocheuses et bennes à mortier, bétonnières, malaxeurs et concasseurs à moteurs, chèvres, crics, voies Decauville, etc... ;

7° Groupement des travaux en grands chantiers régionaux ayant chacun un directeur technique.

Les bases de notre organisation étant connues, nous allons examiner chacune d'elles en faisant ressortir les avantages de leur application.

Maintien du lotissement ancien des propriétés bâties. — Tout d'abord, il convient d'étudier l'opportunité du changement complet des plans de lotissement des villes et villages détruits que préconisent, en se plaçant à des points de vue différents, des hommes épris d'art et des hygiénistes. Les uns et les autres rêvent de voir des cités entièrement transformées, percées par de larges voies bordées de maisons coquettes et de jardins, remplacer les anciennes agglomérations.

Si ces embellissements n'avaient pas l'inconvénient de compliquer considérablement la tâche, déjà si étendue, qu'il faudra accomplir, nous ne verrions que des avantages à leur réalisation immédiate, pour mieux affirmer notre résolution de conserver le rang de notre pays et notre inébranlable confiance dans son avenir.

Malheureusement, au point de vue administratif et juridique, on se heurterait inévitablement aux nombreuses formalités de la procédure d'expropriation, toujours brutale et vexatoire, lesquelles entraîneraient des retards réellement inadmissibles en un pareil moment. Il faudrait auparavant qu'une loi spéciale autorisât ces expropriations en masse, dont la justification ne serait pas très aisée.

Au point de vue pratique, on augmenterait sensiblement les dépenses et on sèmerait le mécontentement parmi les habitants attachés par tant de souvenirs à leurs ruines et à leurs lopins de terre.

Aussi, malgré les vœux parfois fondés qui ont été exprimés au sujet de l'élargissement des rues, de l'orientation et de l'espacement des maisons à reconstruire, nous estimons qu'il convient de conserver en principe l'assiette des voies et des propriétés. C'est d'ailleurs le seul moyen de pouvoir utiliser les fondations, les caves et les parties intactes des constructions endommagées. Ce capital à préserver, quoi qu'il en paraisse à première vue, est loin d'être négligeable, comme nous le verrons plus loin.

Toutefois, une exception pourrait être tout naturellement faite pour les constructions antérieurement frappées d'alignement que l'on reconstruirait à leur emplacement définitif, le point de droit étant déjà résolu.

Peut-être même serait-il possible, dans des cas d'insalubrité notoire, constatée antérieurement, d'ajourner la reconstruction de certains îlots de maisons, dont la suppression avait été envisagée avant la guerre, et d'en entreprendre immédiatement l'expropriation.

Il ne faut pas croire, cependant, que nous méconnaissions les nécessités de l'hygiène. Si nous discutons le degré d'urgence de mesures d'ensemble généralement très coûteuses, nous montrerons comment, par d'autres moyens moins onéreux, il sera possible d'améliorer immédiatement, d'une manière très sensible, les conditions hygiéniques des habitations urbaines et rurales, même dans les localités où la salubrité laissait le plus à désirer avant la guerre.

Conservation de toutes les maçonneries non renversées et utilisation de tous les matériaux de démolition. — Dans les villes et villages les plus ruinés, malgré l'incendie et les bombardements répétés, il sera rare que les maisons qui paraissent le plus atteintes n'aient pas conservé des pans de mur en bon état ou tout au moins leurs soubassements, leurs fondations et les caves. Dès que les parties menaçant ruine auront été démolies, on procédera au déblaiement des décombres pour reconstituer le plan des maisons à réparer. On rangera avec soin les charpentes et menuiseries susceptibles de remploi, — celles qui ne pourront être affectées à aucun autre usage seront brûlées dans les chaudières des chantiers, — les moellons d'appareil et les pierres de taille, les briques et les tuiles non détériorées, les fers et autres métaux qui seront utilisés de nouveau.

Tous les moellons bruts, les briques et tuiles brisées, seront passés au concasseur et broyés pour former la caillasse et le gravier qui entreront dans le béton de chaux avec lequel on refera les murs. On se dispensera ainsi de gratter et de laver les moellons de démolition, comme on serait obligé de le faire pour les employer dans la maçonnerie. Il en résultera une diminution considérable de l'emploi de matériaux neufs.

Comme on le voit, cette conservation généralisée des vieux murs et des fondations sera très avantageuse. D'après notre estimation, elle économisera, suivant les cas, 20 à 40 $^{\circ}/_{\circ}$ des dépenses et des délais qu'il faudrait consentir pour reconstruire les maisons de fond en comble sur de nouveaux emplacements. Son importance considérable nous paraît être de nature à retenir ceux qui, sans se rendre bien compte de l'accroissement des dépenses qui en découlerait, demandent que des villages scientifiquement tracés soient édifiés au milieu des ruines. Contre eux se dresserait d'ailleurs bientôt l'opposition des habitants, dont la hâte, bien naturelle, qu'ils ont de rentrer dans leurs foyers s'accommoderait mal des longs retards que ces travaux somptuaires provoqueraient infailliblement.

Remplacement de la maçonnerie ordinaire par le béton de chaux ou le pisé. — En plus de ces économies notables qui proviendront des décisions de principe concernant l'organisation générale des chantiers, le lotissement des propriétés bâties, l'utilisation intégrale de tous les vestiges des ouvrages et de tous les matériaux, il en est d'autres qu'on peut rechercher dans le mode d'exécution des travaux et les procédés de construction.

Il est facile de prévoir que la main-d'œuvre sera très chère après la guerre, par suite de la diminution du nombre des ouvriers. On devra donc s'ingénier à la réduire le plus possible sur les chantiers de réparation. Cette préoccupation est d'autant plus importante qu'actuellement la main-d'œuvre entre ordinairement pour moitié environ dans les dépenses des travaux publics ou privés.

Mais celle des ouvriers d'art, la plus onéreuse, peut être économisée par le développement de l'outillage mécanique et par le choix des procédés de construction. Nous étudierons plus loin la question de l'outillage d'une façon spéciale.

Le gros œuvre des travaux de bâtiment est représenté par la maçonnerie; or, elle a l'inconvénient d'être coûteuse et d'une exécution lente. Un maçon et son aide font environ 2 mètres cubes de maçonnerie par journée de travail, ce qui, suivant le prix des matériaux, met celui de la maçonnerie entre 13 francs et 18 francs le mètre cube. Elle ne peut être faite que par des ouvriers exercés. Elle nécessite l'emploi de matériaux neufs, ou nettoyés de toute trace de mortier et de terre, s'ils sont usagés. Il en résultera que la réparation sera lente et dispendieuse. Si l'on considère que les maçons disponibles seront inévitablement accaparés ou attirés par les villes et les grandes entreprises privées, on comprend que les constructions rurales seront presque impossibles à exécuter, et ce sont précisément les plus intéressantes pour l'augmentation de la production nationale.

Béton. — Pour éviter ces difficultés, un moyen très pratique est de remplacer partout la maçonnerie par le béton de chaux, moulé entre des panneaux appelés banches, comme le « concret » avec lequel les Anglais font depuis longtemps la plupart de leurs maisons. Le béton présente le grand avantage de pouvoir être fait par tout le monde. Les ouvriers d'industrie en chômage, les cultivateurs, les indigènes du Nord-Africain, les soldats réformés, les adolescents, les femmes même, pourront être utilement occupés au dosage, au gâchage, au transport ou au pilonnage du béton, suivant leurs forces.

Le gravier et la caillasse seront fournis en grande

partie, à bas prix, par le concassage des matériaux de démolition. La confection et la mise en œuvre du béton pourront être faites, dans ces conditions, par des équipes de manœuvres quelconques, rapidement dressés, sous la conduite de surveillants ou de contremaîtres.

Sur les grands chantiers des agglomérations, le béton sera fabriqué mécaniquement ; comme deux hommes peuvent arriver à en employer 7 à 8 mètres cubes par jour avec plusieurs jeux de banches, le prix de revient par mètre cube ne dépassera guère 8 francs, soit la moitié environ du prix de la maçonnerie ordinaire.

Dans les constructions isolées, des campagnes, l'impossibilité d'employer un outillage mécanique élèvera à 10 ou 12 francs le prix du béton par mètre cube, tandis que la maçonnerie coûterait 16 à 20 francs ; mais il faut remarquer que souvent les travaux pourront être exécutés immédiatement, par les cultivateurs eux-mêmes, si on leur procure de la chaux et quelques manœuvres.

Nous croyons nécessaire de donner sur ce procédé de construction, encore peu employé en France dans le bâtiment, de plus amples détails.

Les banches en bois constituant l'encaissement peuvent avoir de 80 centimètres à 1 mètre de hauteur et de 3 à 4 mètres de longueur. Elles sont raidies extérieurement par des montants en bois cloués sur les planches. Du côté qui est en contact avec le béton, les planches sont rabotées. Les banches sont maintenues en place sur les murs à construire par des tirants métalliques et des entretoises en bois.

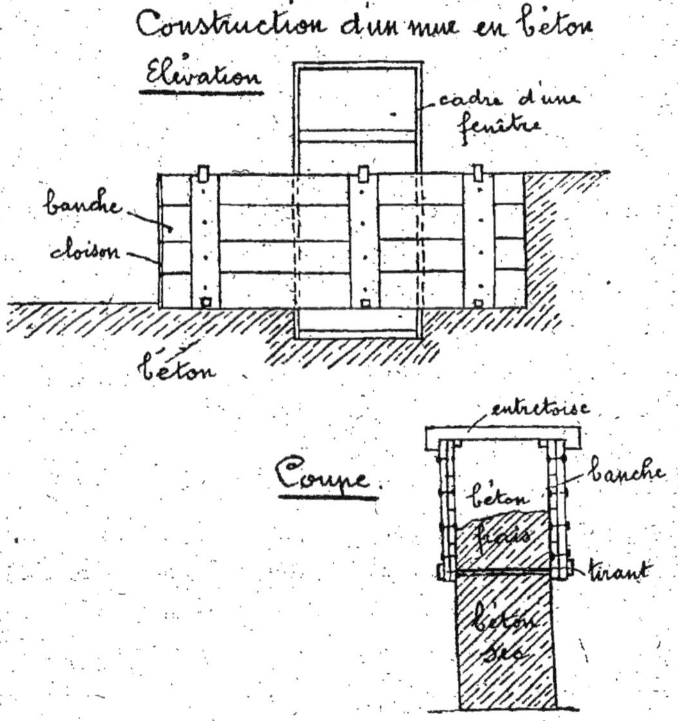

Les tirants, qui sont munis de clavettes pour faciliter le démontage, traversent les banches à quelques centimètres au-dessus de leurs bases. Quand les banches sont en place, elles sont portées par ces tirants qui reposent transversalement sur le mur à élever.

Le béton est employé par couches de 10 à 15 centimètres et aussitôt pilonné fortement. Le pilonnage a pour résultat de serrer les matériaux, de diminuer les vides, de faciliter la prise du mortier et d'accroître dans un grande proportion la résistance finale du béton, à tel point qu'on peut réduire sans crainte le dosage de la chaux à 200 kilos et même à 180 kilos par mètre cube de mortier au lieu de 250 à 300 kilos, et démouler les banches au bout de quelques heures, tandis que le même béton non pilonné ne pourrait être démoulé qu'après vingt-quatre heures de séchage au moins.

Dès que la prise du mortier est complète, ce dont on juge quand le pouce fortement appuyé sur lui ne laisse qu'une dépression à peine apparente, on déclavette les tirants, on les enlève en les chassant à petits coups de marteau et on démonte le coffrage constitué par les banches qu'on peut aussitôt installer de nouveau à côté sur une maçonnerie ancienne ou sur une banchée de béton précédemment faite.

Avec trois jeux de banches, de longueurs différentes pour mieux épouser les contours des constructions, on peut entretenir le travail du chantier sans interruption quand le mortier et le béton sont faits à la main. Un plus grand nombre de banches est nécessaire quand le chantier possède une bétonnière.

Des éclats de pierres peuvent être enfoncés dans la masse du béton entre les banches pour économiser le béton ; la compacité et la résistance des murs ne font qu'y gagner. Il est de même possible de renforcer les angles extérieurs et les soubassements des murs par des moellons parementés provenant

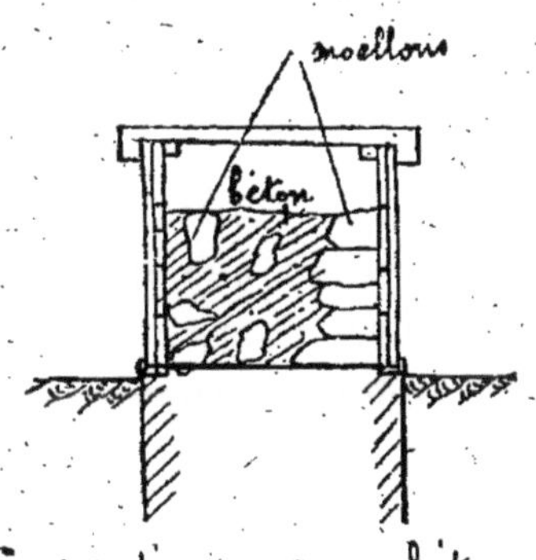

Coupe d'un mur en béton
avec parement en moellons

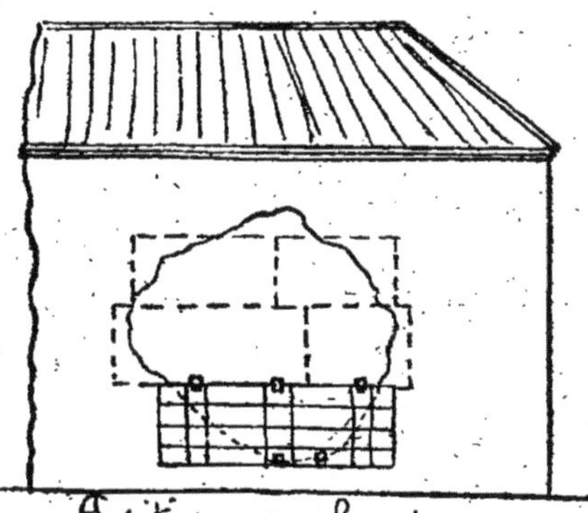
Position des banches
pour réparer une brèche

des décombres. Ces pierres sont posées à la main par assises, le parement contre la banche extérieure.

Au besoin, et cette mesure ne saurait être trop recommandée, des armatures et barres de chaînage sont placées dans le béton, notamment dans les poitrails et linteaux, sous les appuis des charpentes et dans les fondations si elles sont à refaire.

En modifiant l'écartement des banches, ce qui est aisé en changeant l'emplacement des clavettes sur les tirants, on peut construire des murs de toute épaisseur et réparer des brèches de toute forme, quels que soient leur position et leur hauteur.

Si le béton est assez gras, il est facile, par un tour de main spécial, pendant le pilonnage dans les banches, de faire affluer contre le bois un léger excès de mortier qui, au démoulage, forme un enduit très uni excessivement économique. Cet enduit n'a même pas besoin de badigeon.

Dans tous les cas, avec un enduit ou crépi approprié, il sera toujours possible de donner, aux parements des murs neufs ou des brèches, l'aspect des murs conservés, sauf la patine spéciale qui vient avec le temps.

Un côté original de ce système de construction est l'exécution très simple des ouvertures des portes et fenêtres, qu'on réalise en plaçant entre les banches, avant le bétonnage, des cadres, en bois profilé, qui moulent les embrasures. Ces cadres sont enlevés quand le béton des jambages et des linteaux a fait prise. Toute pierre de taille, toute main-d'œuvre spéciale est supprimée.

Les grands avantages du béton n'ont pas échappé aux Anglais qui, avec leur sens pratique des solutions économiques, n'ont pas hésité à faire de cette façon des maisons à plusieurs étages, depuis de nombreuses années déjà, tandis qu'en France on ne peut citer que quelques timides essais dans le gros œuvre des bâtiments, au grand détriment de leur prix de revient.

Ce procédé est plus simple et plus économique que le béton armé, qui est peu avantageux dans la construction des murs à cause du double coffrage, et qui, même en grands panneaux moulés par terre puis redressés pour former les façades comme on l'a récemment préconisé, ne convient que pour les reconstructions complètes.

Maçonnerie à pierres sèches et maçonnerie au mortier de terre. — Dans certaines régions où on trouvera en abondance des pierres bien gisantes, faciles à exploiter, il y aura parfois avantage à construire les murs en moellons posés à sec, ce qui est très économique parce que l'usage de la chaux et du sable est totalement supprimé. De tout temps, on a eu très fréquemment recours à ce procédé dans les campagnes pauvres et mal partagées au point de vue des voies de communication. Il a toutefois l'inconvénient d'exiger des ouvriers assez habiles pour bien liaisonner les murs, diminuer le plus possible les vides et éviter les joints non découpés qui se transformeraient inévitablement en lézardes sous l'action des tassements. Les jambages et les appuis des baies doivent être formés de pierres choisies et équarries ; quant aux linteaux, ils ne peuvent être que d'une seule pièce, pour pouvoir porter la maçonnerie qui les surmonte. Cette maçonnerie est un peu moins difficile d'exécution quand elle est hourdée au mortier de terre argileuse; des villes presque entières, dans certaines contrées, sont construites de cette façon. Néanmoins, on est toujours obligé de recourir à la main-d'œuvre des maçons, à cause des précautions toutes spéciales qu'il est nécessaire de prendre pour liaisonner les murs. Dans ceux-ci, en effet, les pierres n'étant plus agglutinées par aucun véritable liant, ne tiennent que par leur poids et leur agencement dans la masse. C'est ce qui en limitera l'emploi après la guerre, quand les bons ouvriers feront défaut.

Quoi qu'il en soit, le prix de ces maçonneries à pierres sèches ou au mortier de terre varie seulement entre 5 et 8 francs le mètre cube, suivant les conditions locales. En parements, on les revêt, si l'on veut, d'enduits qui leur donnent l'aspect confortable des murs en maçonnerie ordinaire, tout en les rendant plus résistantes. Nombre de citadins seraient fort étonnés d'apprendre qu'ils habitent des maisons construites de cette façon.

Pisé. — Il est possible de pousser les économies encore plus loin, si l'on songe que beaucoup de petites constructions pourront être refaites en pisé. On sait que le pisé est de la terre un peu argileuse, légèrement humide, fortement pilonnée entre des banches, comme du béton, et qui durcit en séchant. Son usage remonte à la plus haute antiquité et l'on peut dire qu'à toutes les époques on a fait des constructions en pisé. En Champagne et en Picardie, la terre propice ne manque pas ; ce mode de construction y est d'ailleurs très connu. Dans le midi de la France, les habitants utilisent souvent le pisé et en font même quelquefois des maisons à étages. Claudel relate que, dans l'Isère, un château-fort entièrement en pisé a résisté pendant plusieurs siècles. En Tunisie, subsistent encore des remparts et des piles d'aqueducs très anciens construits de la même façon. Pour démolir ces vieilles constructions en terre, nous avons constaté personnellement dans ce pays que le pic et la mine sont nécessaires.

Le pisé est plus résistant, comme c'est facile à concevoir, quand on humecte la terre avec un lait de chaux.

Ce procédé de construction offre donc toute garantie. Son prix revient à 3 ou 4 francs le mètre cube. Il est d'exécution rapide, car trois ouvriers peuvent en faire 8 à 10 mètres cubes par jour.

Le pisé permettra par conséquent de réparer très vite les petites constructions telles que les écuries, étables, granges, hangars, murs de clôture, et même des maisons d'habitation à simple rez-de-chaussée. Dans ce dernier cas, on aura soin de faire les soubassements en béton, pour arrêter la propagation de l'humidité du sol, et de garnir de pierre les embrasures des portes et fenêtres afin d'en augmenter la résistance à l'usure. Dans les murs en pisé, les linteaux des portes et fenêtres sont généralement en bois.

Briques. — Les cloisons et les murs légers des dépendances pourront avantageusement être construits en *briques crues*, d'un emploi courant dans certaines parties de la France et dans beaucoup de pays du monde à cause de leur bas prix. La durée de ces briques est attestée par celles que l'on retrouve encore dans certaines ruines égyptiennes et assyriennes.

Dès que l'industrie pourra répondre aux demandes de matériaux, il est probable que toutes les cloisons intérieures des maisons d'habitation seront de préférence faites en briques cuites, creuses si possible, posées de champ ou à plat. Ces briques hourdées au plâtre donnent des cloisons très résistantes, légères et économiques.

Bien souvent les constructeurs pourront se dispenser d'utiliser les briques d'argile en confectionnant eux-mêmes des *briques en mortier de plâtre* pour les ouvrages intérieurs, en *béton de chaux avec du gravier* ou du *mâchefer concassé* pour les parties exposées aux charges ou à l'humidité. Ces briques sont peu coûteuses.

L'étude que nous venons de faire sur les divers procédés de construction des murs montre irréfutablement que l'économie de temps et d'argent, réalisable en employant le béton et le pisé, est de 50 % par rapport aux délais d'exécution et aux dépenses nécessaires avec n'importe quel autre système de travaux non provisoires. Elle fait voir, en outre, que la main-d'œuvre des maçons devient presque complètement inutile.

Construction des combles et planchers avec des poutrelles en béton armé moulées à l'avance. — Une des grosses préoccupations des constructeurs sera de trouver les matériaux nécessaires à la réfection des charpentes des toitures et des planchers.

Ces charpentes à refaire seront très nombreuses, car, pendant les bombardements, les toitures sont particulièrement exposées aux chocs des obus, puis aux flammes des incendies qu'ils provoquent.

Les planchers, qu'ils soient en bois ou en fer, ont également beaucoup à souffrir des incendies. C'est une erreur, encore assez répandue dans le public, de croire que le fer résiste aux flammes mieux que le bois. Quand il est porté au rouge, le fer perd toute sa résistance ; il a de plus l'inconvénient de pousser dangereusement les murs avant de s'effondrer. A ce point de vue, aucune matière ne donne la sécurité du béton armé.

Le bois a le grand avantage de donner le maximum de rapidité de construction. Mais, à en juger par la hausse qu'il a déjà subie, on peut prévoir qu'après la guerre il sera hors de prix.

Le fer suivra la même loi pendant les premiers temps, à cause des dégâts importants qu'auront subis les mines et les grandes usines métallurgiques des régions envahies (¹).

Pour réparer les combles et planchers, il y aura donc tout intérêt à faire un grand usage du béton armé où le métal n'entre en volume qu'à raison de 2 à 3 °/₀ à côté du gravier et du ciment tirés en abondance du sol national.

Combles. — Depuis quelques années le béton armé est fréquemment employé pour construire des combles. Généralement le moulage se fait sur place, dans des coffrages en charpentes soutenus en l'air par des poteaux. On évite ainsi les difficultés de levage de pièces qui sont lourdes lorsqu'il s'agit de grandes portées. Ce procédé ne laisse pas d'être économique, quand l'industrie est dans des conditions normales.

Dans les circonstances que nous envisageons, il serait difficilement applicable à cause du manque de main-d'œuvre. Nous concevons l'emploi du béton armé de la façon suivante :

Pour les portées de 3 mètres à 4ᵐ 5o, on moulera à l'avance, d'une seule pièce, les fermes composées de deux arbalétriers et d'un entrait ; quand le béton aura acquis une résistance suffisante, un mois après environ, on les mettra en place avec une grue, un derrick ou une chèvre. Les pannes, qui seront également des poutrelles en béton armé construites à

---

(1) Les prix du bois d'œuvre et du fer ont triplé depuis le début de la guerre.

l'avance, seront fixées dans des encoches ménagées sur les arbalétriers et dans les murs pignons ou de refend. Elles assureront le contreventement, conjointement avec des tirants placés sous le faîtage.

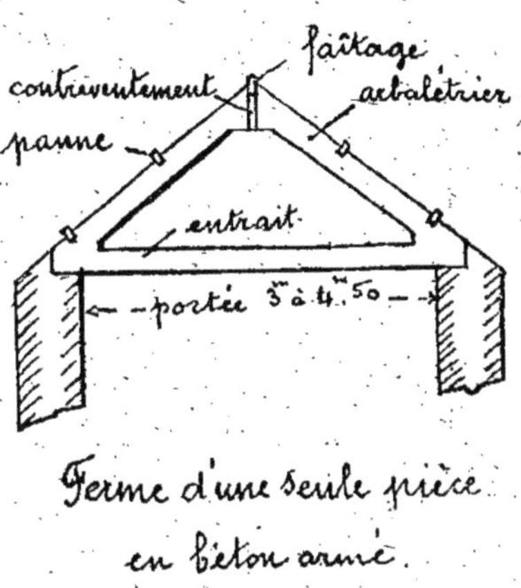

Ferme d'une seule pièce
en béton armé.

Les fermes de portée plus grande pourront être constituées par des poutrelles moulées à l'avance,

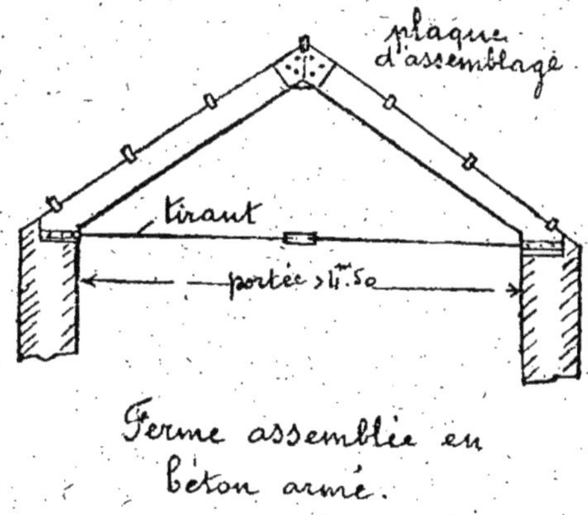

Ferme assemblée en
béton armé.

ayant des abouts percés et renforcés pour faciliter l'assemblage des arbalétriers entre eux au moyen de fers plats et de boulons. La poussée des arbalétriers sera contrebutée à l'aide de tirants en fers ronds, fixés sur eux par des colliers boulonnés. L'assemblage des fermes se fera sur le haut des murs au moyen d'échafaudages, comme lorsqu'il s'agit de fermes en bois.

Ces deux systèmes de fermes en béton, qui nous sont suggérés par les circonstances, sont des conceptions nouvelles auxquelles nous conseillons de recourir pour diminuer la consommation du bois et du fer, tout en économisant de la main-d'œuvre chère.

Les arbalétriers à assembler auront la forme spéciale que nous indiquons ci-contre. Les armatures seront légèrement renforcées aux deux extrémités. Les trous de boulons seront réalisés pendant le moulage.

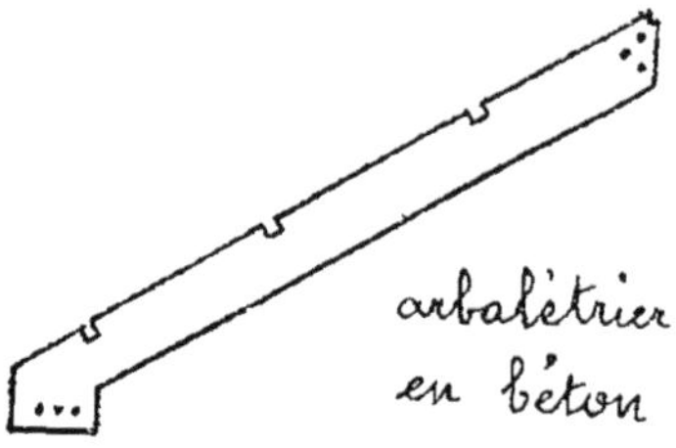

Dans les constructions rurales, les murs de refend permettront plus souvent de se passer de ferme intermédiaire ; il suffira d'y encastrer des poutrelles de dimensions convenables, formant pannes.

Les chevrons et les lattis seront en bois, pour ne pas surcharger les charpentes ; ils seront fixés aux pannes par des équerres serrées avec des boulons

traversant les trous laissés dans les pannes pendant
leur moulage.

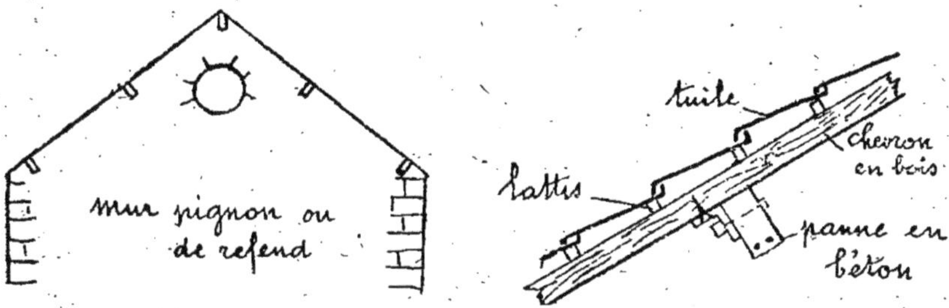

Si la tuile et l'ardoise manquent au début, on
pourra faire les couvertures en plaques de fibrociment, en feuilles de tôle ondulée ou de plomb. En
cas d'urgence, et à titre provisoire, on pourra utiliser le carton et le feutre bitumés, qui coûtent
4o à 6o centimes par mètre carré, ou même le
chaume. L'inconvénient de ces toitures légères,
d'être très perméables aux variations de température, n'intéresse réellement que les mansardes et
greniers; on s'en accommode néanmoins très facilement en doublant ces toitures d'un voligeage en
bois. Abstraction faite de ce léger défaut, ces toitures sont économiques et de pose rapide.

Les couvertures en terrasse, qui ont tant de
faveur dans le bassin de la Méditerranée, sont un
peu plus économiques que les toitures inclinées.
Elles permettent de supprimer une partie des
maçonneries des murs pignons et de refend. Elles

ont l'avantage de pouvoir être construites comme les planchers des étages. Toutefois, de grandes précautions doivent être prises pour assurer leur étanchéité.

Ainsi on ne saurait trop recommander de les faire en dos d'âne avec une pente de 5 centimètres par mètre de chaque côté. Si on les recouvre d'un carrelage, une couche isolante de mortier maigre de 8 centimètres d'épaisseur devra être interposée sous les carreaux, pour éviter la transmission des changements de température et les poussées dangereuses qui en résultent. Des gargouilles devront assurer l'écoulement immédiat de l'eau de pluie à l'extérieur du bâtiment.

Dans les régions où il peut tomber des couches de neige de 50 centimètres d'épaisseur en une seule fois, l'emploi des terrasses est presque impossible à cause des surcharges exagérées qu'elles seraient exposées à subir.

La mise en place des chéneaux et tuyaux de descente de toutes ces constructions pourra évidemment être ajournée à plus tard, ainsi que l'exécution des enduits, crépis, badigeons et peintures s'il y a lieu. On conviendra que ces travaux ne présentent qu'une urgence relative. En les exécutant tous ensemble, après la reprise de la vie économique, on pourra utiliser des procédés mécaniques et bénéficier en plus d'une certaine baisse de prix sur les matières.

Planchers. — Pour les planchers, nous proposons également l'emploi de poutrelles en béton armé moulées à l'avance. Ce système a déjà reçu

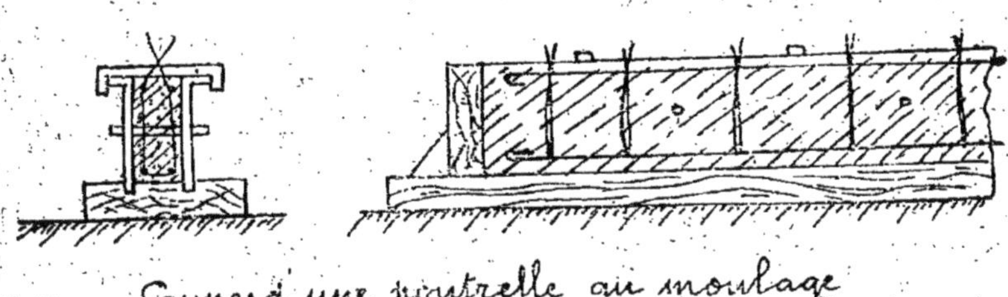

Coupe d'une poutrelle au moulage

Plan.

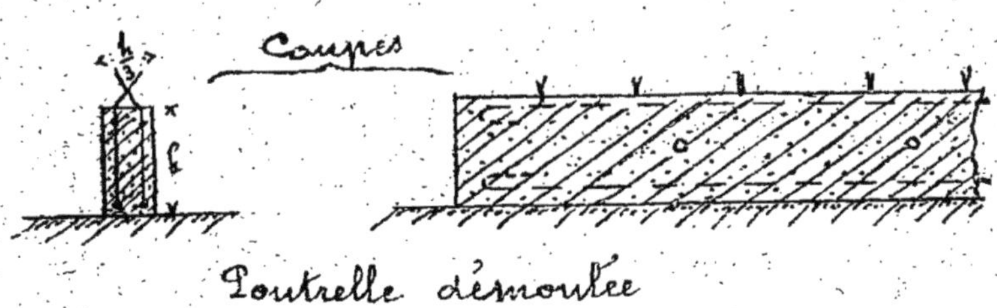

Coupe

Poutrelle démoulée

d'assez nombreuses applications. Il est très pratique pour les portées usuelles. Son prix de revient est inférieur à celui de tous les autres procédés. Il a l'avantage de pouvoir être employé par des hommes sans connaissances techniques, car les malfa-

çons sont presque impossibles et ont des consé-
quences beaucoup moins graves qu'avec le béton
armé moulé sur place.

Les poutrelles sont construites à terre sur une
aire en bois, entre des madriers de champ ou des
lames de tôle, avec du mortier de ciment demi-
prompt, gâché liquide. Le décoffrage peut se faire
au bout de deux à trois heures. Le levage et la
mise en place peuvent être effectués au bout de
vingt à trente jours.

On donne à ces poutrelles le même espacement
qu'à celles en acier, soit de 6o à 8o centimètres,
au-dessus des espaces à couvrir.

Les planchers peuvent être constitués soit par un
dallage monolithe en béton de ciment ou de chaux,
soit par des dalles en béton armé faites à l'avance,
qu'on pose sur les poutrelles, soit par des planches,
si les ressources de la région le permettent. Des
liteaux enchâssés dans le béton sous chaque poutrelle, ou fixés par des crochets, facilitent le clouage
des lattes des plafonds.

Les croquis ci-après complètent les renseignements que nous donnons sur ce mode de
construction. Ils montrent comment se pose le
coffrage du dallage sur des broches qui traversent
les poutrelles. Ces broches sont enlevées au moment
du décoffrage. Trois ouvriers manœuvres confec-
tionnent plus de 3o poutrelles de 5 à 6 mètres de
longueur en dix heures de travail, y compris pose

des barres d'acier et gâchage du mortier à bras, mais non compris la préparation des armatures. La mise en place de ces poutrelles est presque aussi facile que celle des solives en bois ou en fer.

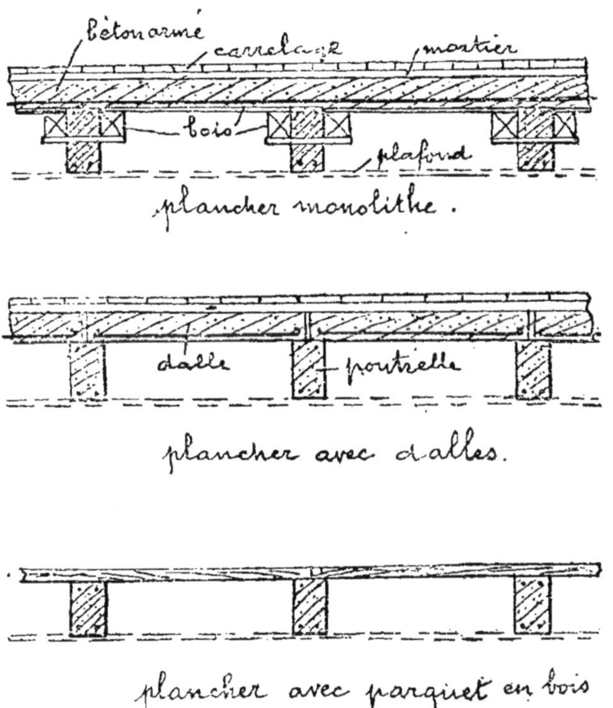

Les planchers en ciment peuvent ensuite être recouverts de carreaux posés au plâtre, d'un enduit au ciment ou de lames de parquet. Aux abords des gares d'eau ou de chemins de fer, on installera les ateliers de fabrication, avec outillage mécanique, de grandes quantités de poutrelles des longueurs les plus usuelles. La répartition pourra, de là, en être faite à la demande des divers chantiers de la région. On aura, bien entendu, tout intérêt à commencer la fabrication de ces poutrelles et des dalles de recouvrement tout de suite, de façon à diminuer le chômage actuel et à pouvoir ultérieurement mieux utiliser la main-d'œuvre disponible.

Malgré les avantages incontestables de l'emploi généralisé du béton armé, il faudra se garder de rejeter complètement l'usage des solives en bois et en fer qui, dans certaines circonstances, pourront être avantageuses. D'ailleurs, une exclusion systématique de ces matériaux provoquerait une hausse rapide et prolongée des chaux et ciments, et nuirait à la rapidité de l'achèvement des réparations.

Uniformisation des dimensions des ouvertures des portes et fenêtres. — Quand on fera l'inventaire des ruines, on constatera que les portes, les fenêtres et les volets, qui auraient pu échapper à la mitraille et à l'incendie, auront été enlevés par les soldats pour servir à couvrir des abris souterrains. Il y aura de ce fait une énorme quantité de menuiserie à exécuter. Or la menuiserie nécessite une main-d'œuvre assez délicate, qu'on ne pourra certes pas trouver de longtemps dans les régions dévastées.

Nous pensons qu'un excellent moyen de remédier à cet inconvénient sera de la commander à l'avance, sans même attendre la fin des hostilités, aux grands ateliers mécaniques de menuiserie en bois ou en fer qui existent dans diverses régions de la France. Ces ateliers pourront livrer à bon compte et très vite, grâce à leur outillage perfectionné, les ouvrages commandés par séries, avec des dimensions uniformes pour toutes les régions envahies.

En procédant ainsi, on utilisera mieux les facultés productives de l'industrie pendant et après la guerre ; on y gagnera de pouvoir obtenir des bois plus secs que ceux qui seraient commandés par la suite, au courant des travaux et à la hâte.

Pour quiconque a l'expérience des travaux, ces avantages sont assez appréciables pour qu'on s'y arrête. En faisant les réparations des murs, il faudra évidemment avoir soin de donner à toutes les ouvertures les dimensions adoptées pour les commandes des menuiseries, afin que les ouvriers qui feront la pose de celles-ci puissent appliquer, à n'importe quelle maison, le premier bâti venu de porte ou de fenêtre.

Depuis quelques années, la menuiserie en fer s'est assez répandue, surtout pour les volets et persiennes. Elle concurrence la menuiserie en bois, sur laquelle elle a l'avantage de la durée et de l'indéformabilité. Il y aura intérêt à en faire emploi pour les réparations dès que les conditions de son marché s'y prêteront.

On pourra objecter que certaines baies conservées, en petit nombre, auront des dimensions différentes de celles qui auront été adoptées pour l'ensemble. Mais pour leur appliquer les nouvelles menuiseries, il n'y aura qu'à retoucher l'un des jambages et la hauteur de la murette d'appui. Ce n'est pas un inconvénient bien grave.

En définitive, on voit que cette méthode aura pour résultat d'accélérer la marche des travaux et de diminuer sensiblement les prix de revient, grâce aux achats en gros faits au moment propice.

Emploi d'engins mécaniques. — C'est un axiome que, sur les chantiers, la main-d'œuvre nécessaire est d'autant moins importante que l'outillage mécanique est plus développé et plus perfectionné. Non seulement les machines simplifient la question du recrutement des ouvriers, mais encore elles abaissent les prix de revient et augmentent la vitesse des travaux.

Pour en donner une idée, nous rappellerons qu'une grue à vapeur avec benne piocheuse, conduite par deux hommes, charge dans une journée autant de wagons de sable ou de caillasse qu'une quinzaine d'hommes armés de pelles et à un prix moitié plus petit ;

Qu'avec un concasseur transportable, à moteur, servi par six ou huit ouvriers, on peut obtenir autant de caillasse qu'avec trente casseurs de pierres et faire une économie d'un tiers par mètre cube ;

Que les bétonnières peuvent, suivant les modèles, produire de 3o à 3oo mètres cubes de béton par jour, avec une diminution de 5o % sur le prix de revient de la fabrication à bras, et trois fois moins de personnel.

On devine le parti qu'on pourra tirer de ces engins sur les chantiers de réparation des ruines, pour l'enlèvement des décombres, le concassage des moellons, briques, tuiles détériorées, le chargement et le transport du sable, du gravier, de la caillasse, la préparation du mortier et du béton.

Cependant, une juste proportion doit toujours exister entre l'outillage affecté à un chantier et l'importance des travaux à y exécuter. Les machines ne peuvent travailler économiquement que si leurs frais élevés d'intérêts, d'amortissement, d'installation et d'entretien, peuvent être répartis sur la quantité des ouvrages. Il faut en outre réduire le plus possible leurs périodes de chômage, sans cela leur production est trop faible pour que les prix de revient soient avantageux.

L'importance du capital à immobiliser pour les acquérir donne à cette question de leur rendement une influence considérable. Aussi, on peut dire qu'aucun chantier privé ne présenterait les conditions requises pour leur emploi sur une aussi vaste échelle que celle que nous envisageons.

Nous sommes donc de nouveau amené à cette conclusion qu'il est nécessaire de grouper tous les travaux en grands chantiers nationaux, délimités par des régions administratives. Les ingénieurs qui les dirigeront seront à même de fixer le programme d'utilisation des machines et de régler la marche des divers ateliers, pour obtenir le meilleur rendement de l'outillage. De cette façon, on pourra abaisser les inévitables chômages de transfert, assurer méthodiquement l'entretien et, grâce aux énormes quantités de travaux à exécuter, réaliser des prix de revient très bas.

Un autre avantage de cette organisation étatiste réside dans la possibilité d'inventorier dès maintenant le gros matériel de travaux publics existant dans le pays, d'acheter ou de commander aux usines les engins nombreux dont on prévoit l'utilisation, sans attendre l'afflux des affaires qui suivra la libération du territoire.

Groupement par régions de tous les travaux. — Suivant les circonstances, ces grands chantiers pourront embrasser tous les travaux d'une commune, d'un canton ou d'un arrondissement. Chacun d'eux sera placé sous les ordres d'un directeur qui sera un ingénieur, un officier du génie, un agent voyer ou un architecte, désigné par le Gouvernement.

En sous-ordre, un personnel de conducteurs, de commis, de comptables et de surveillants de travaux, également désigné et payé par l'Administration, assurera la bonne exécution des ouvrages et en fera le règlement, qu'il s'agisse de travaux à l'entreprise ou de dépenses en régie, suivant les principes de la comptabilité publique, avec les contrôles qu'elle comporte.

Une partie de ces emplois pourra être attribuée à des officiers ou même à des sous-officiers réformés pour blessures de guerre et présentant les garanties de compétence nécessaires, lesquels seront heureux de continuer leurs services au pays pour accomplir cette œuvre nationale.

Parmi les anciens soldats, mutilés ou non, on trouvera d'excellents contremaîtres, ouvriers spécialistes et gardiens, que l'habitude de la discipline militaire rendra particulièrement précieux sur ces chantiers. Si tout le monde fait preuve de bonne volonté, il n'est pas de mutilé qui ne puisse y trouver une occupation appropriée à son état physique, où il gagnera honorablement sa vie en rendant service à la société. D'ailleurs, ce n'est pas la force physique qui manque aux hommes ; ils peuvent toujours y suppléer au moyen de machines. Ce qui leur fait souvent défaut, c'est la volonté, l'énergie, la ténacité. Et ces qualités morales ne peuvent être remplacées par aucun engin tiré de l'arsenal scientifique. Un homme de caractère fera toujours un bon conducteur d'hommes, même s'il est infirme. En raison des grandes pertes d'énergie qui résulteront de la guerre, il faudra se rappeler que dans le cerveau de l'homme est une force plus grande que celle de ses bras, et chercher à utiliser tous les survivants, suivant leurs aptitudes intellectuelles et physiques, pour arriver à résoudre l'angoissante question de la main-d'œuvre.

Il est vraisemblable que de nombreux ouvriers des pays neutres, d'Espagne notamment, seront attirés sur les travaux par l'appât des hauts salaires. Mais leur concours sera insuffisant pour donner aux chantiers de réparations l'impulsion nécessaire. On sera conduit à recourir, dans une large mesure, aux ouvriers et manœuvres que nos colonies, celles de l'Afrique notamment, peuvent nous fournir en grand nombre. Aujourd'hui, même les personnes qui n'ont jamais traversé la Méditerranée, savent que nos sujets arabes, kabyles, tunisiens et marocains sont d'excellents ouvriers, souvent intelligents, très sobres, résistants, s'adaptant vite aux travaux les plus pénibles et parfois à des métiers délicats. L'expérience faite dans nos mines du Nord, où plusieurs milliers d'entre eux travaillaient avant la guerre, a été très concluante. Dans les villes du Midi, depuis longtemps, ils se sont répandus en quantité sur les chantiers et dans l'industrie, à la satisfaction de tous. En ce moment, dans diverses régions de France, sont poursuivis d'intéressants essais d'emploi, aux travaux agricoles, des indigènes du Nord-Africain. Pour nous, qui les avons longtemps vus à l'œuvre, chez eux, dans les conditions les plus diverses, qui les avons employés et dirigés sur des chantiers de travaux publics, comme terrassiers, maçons, mineurs, marins, il n'y a aucun doute sur le succès des tentatives qui sont faites dans cette voie. Pour bien les utiliser, il faut les encadrer de contremaîtres fermes, mais justes, capables de les guider, surtout au début; il faut des conducteurs d'hommes. Les seules conditions à remplir pour les conserver sont de respecter leurs croyances religieuses et de les grouper pour la vie en commun, qu'ils affectionnent particulièrement.

Il est à retenir qu'on ne pourra recruter ces indigènes africains qu'en les transportant et en assurant leur entretien jusqu'à l'arrivée sur les travaux. Là, il faudra leur fournir des locaux de couchage, au sujet desquels ils sont extrêmement accommodants. Tous ces frais ne seront évidemment pas à la portée des simples particuliers ni des petits entrepreneurs. Il sera donc nécessaire que l'État se charge du recrutement, du transport et de l'installation des ouvriers en question dans les divers grands chantiers nationaux. Cette conséquence vient ajouter un argument de plus en faveur de l'organisation que nous proposons.

Maintenant que nous avons étudié le moyen de pouvoir disposer de la main-d'œuvre indispensable, il nous reste à examiner si toutes les constructions détruites ou détériorées devront indistinctement être englobées dans les grands chantiers de l'État.

Le même intérêt ne s'attache évidemment pas à la reconstruction immédiate de toutes les maisons. La réparation des châteaux, hôtels, villas, dont les propriétaires ont souvent plusieurs résidences, ne présente incontestablement pas la même urgence que celle des maisons bourgeoises, des logements ouvriers et des usines qui sont indispensables pour la reprise de la vie économique. Parmi les grandes maisons de rapport, quelques-unes pourront être momentanément délaissées à cause de la diminution de population que l'on constatera après la guerre. Il est probable que les riches propriétaires de maisons de luxe consentiraient difficilement à laisser à d'autres le soin de les réparer ; un certain amour-propre, leur esprit d'indépendance, leur feraient craindre de ne pouvoir suivre leur goût pour la restauration de leurs habitations et le choix de l'ornementation qu'ils désirent y placer.

Toutes ces raisons font que les maisons de maître pourront rester en dehors des chantiers nationaux, qui seront soulagés d'autant. Elles seront entreprises ultérieurement, par les propriétaires eux-mêmes, sous la direction de leurs architectes, après le retour à la vie normale. L'attribution d'une indemnité sera la meilleure solution à adopter pour les privilégiés qui peuvent attendre sans souffrance.

Au contraire, les exploitations agricoles, les maisons de commerce au détail, les habitations des ouvriers, des employés et des artisans, les usines fournissant des matériaux de première nécessité pour la consommation et les travaux, devront être reconstruites d'urgence par l'État afin de ramener le plus vite possible l'activité dans les campagnes et dans l'industrie où prend sa source la vie de la nation.

Pour achever de démontrer la nécessité de cette organisation étatiste, supposons en dernier lieu que le système de paiement en espèces, d'une indemnité proportionnelle aux dégâts, soit appliqué à tous les sinistrés ; on s'apercevra vite qu'il sera matériellement impossible à ceux-ci de se procurer la main-d'œuvre et les matériaux nécessaires. La demande excédant beaucoup l'offre, les prix subiront une hausse considérable. Il en résultera un malaise, une lutte, un désordre qui obligeront fatalement l'État à se charger de fournir la main-d'œuvre et les matériaux s'il veut éviter la stagnation des travaux. Fournissant la main-d'œuvre et les matériaux, il tiendra à s'assurer de leur bon emploi. Pour y arriver, il n'y a pas de meilleur moyen que de prendre la direction des travaux.

Ainsi la rapidité des réparations, l'économie, la paix publique s'associent pour exiger une organisation rationnelle et préconçue qui réponde aux conditions que nous avons énumérées.

L'art et l'hygiène. — Au sein du Parlement, dans la grande presse, des patriotes épris d'art ont suggéré de profiter de la reconstruction des villes et villages pour leur appliquer un plan nouveau, avec des voies larges et de jolies maisons, afin d'en rendre l'aspect et le séjour plus agréables.

Les hygiénistes de leur côté ont préconisé de décongestionner les agglomérations, de redresser et d'élargir les rues tortueuses ou étroites pour faciliter la circulation de l'air, de supprimer les maisons non ensoleillées ou humides, les pièces obscures ou basses à cause de leur insalubrité. Ils ont fait ressortir avec raison que la question de l'amélioration des logements est liée à celle de l'alcoolisme et de la repopulation.

Quelle suite donner à ces vœux inspirés par des sentiments très louables, mais qui sont trop dégagés des graves contingences au milieu desquelles nous serons placés ?

Dans les conjonctures présentes, nous estimons que l'art doit être ce qu'il était chez les Romains, utile et pratique. Ce qui importe avant tout, c'est de rendre leurs domiciles aux malheureux habitants des contrées envahies, et par les moyens les plus rapides ; car en même temps, et par cela même, on leur rendra leurs moyens d'existence.

Il convient donc de faire tout d'abord des murs et des toits afin de reconstituer les foyers. Pour aller plus vite au but, nous ne verrions nul inconvénient à ajourner l'exécution des plafonds, des crépis, des corniches, des carrelages et de tous les ouvrages qui ne sont pas destinés à lutter directement contre la pluie, l'humidité et le vent.

Mais qu'on se garde de vouloir modifier l'assiette des propriétés pour réaliser des rues à angle droit et de jolies perspectives ; on entrerait dans des difficultés inextricables et coûteuses d'achats, d'échanges et d'expropriations de terrains. Il faudrait dix ans pour aboutir, tandis qu'il en suffira de deux pour faire oublier le fléau qui s'est abattu sur les provinces envahies.

Il conviendra de consolider, réparer ou reconstruire les maisons ébranlées, endommagées ou complètement détruites, mais pas de démolir, si ce n'est les murs menaçant ruine. Il y aura lieu de proscrire de même tous les travaux superflus, destinés uniquement au plaisir des yeux, avant que tout le monde ait son chez-soi.

Après les terribles épreuves qu'ils auront traversées, les habitants rentrés dans leurs foyers trouveront certainement du charme à leur village, malgré son changement d'aspect, quand ils y auront recouvré, avec le nouveau toit familial, la quiétude et les facilités de la vie.

Un peu plus tard, lorsque la prospérité sera revenue, le besoin d'art, qui est inné chez l'homme, se fera sentir spontanément. Alors on pourra entreprendre des travaux de parachèvement et d'embellissement en y consacrant les études et les ressources nécessaires. Si les amateurs d'art se plaignent de cet ajournement de la réalisation de leurs vœux, ils conviendront tout au moins que notre méthode n'aura pas prolongé les souffrances des sinistrés pour réjouir leurs yeux malgré eux, et que nous n'aurons pas fait passer, à leur détriment, l'agréable avant l'utile.

En ce qui concerne l'application des principes de l'hygiène moderne, nous reconnaissons avec ceux qui la préconisent que cette idée mérite de retenir très sérieusement l'attention des constructeurs. Car elle répond à la nécessité d'améliorer l'état sanitaire qui laissait tant à désirer dans les campagnes et dans nombre de petites villes. Il est certes aussi nécessaire d'assurer l'aération et l'insolation de tous les locaux habités que d'en éloigner l'humidité, d'écarter des puits la contagion des fumiers que des sources celle des cimetières ou des dépotoirs. Mais est-ce une raison pour vouloir appliquer des plans entièrement nouveaux sur l'emplacement des villages anciens, dont les vestiges, malgré tous les bombardements, restent solidement plantés dans le sol et représentent un capital important? Nous n'en voyons pas du tout la nécessité ni l'avantage.

Nous avons montré précédemment à quelles difficultés, à quels retards on s'exposerait, sans parler de l'augmentation de dépense considérable à laquelle on aboutirait, en adoptant pareille mesure.

Dans ce qui suit nous allons prouver comment,

par notre méthode plus souple, plus rapide et moins coûteuse, on pourra réaliser facilement les désirs des hygiénistes les plus exigeants.

Ce qui fait la salubrité et en même temps l'agrément d'une maison, c'est l'air et la lumière qui doivent y entrer à flots, la propreté qui doit y régner en permanence, c'est l'éloignement des immondices et de tous les foyers d'infection. Enfin, par les dispositions de sa construction, elle doit protéger efficacement les habitants contre les rigueurs de la température. Toutes ces conditions sont aisément réalisables en conservant le lotissement ancien.

Pour donner accès à l'air et à la lumière, on rouvrira les fenêtres que beaucoup de paysans faisaient murer pour diminuer l'impôt inique des portes et fenêtres quand leur charges de famille augmentaient. En reconstruisant les murs, rien ne sera plus facile que d'en créer de nouvelles, de façon que toute pièce habitable ait au moins une communication directe avec l'extérieur. En faisant ces ouvertures assez grandes, en les plaçant judicieusement, on laissera entrer largement le soleil, qui est le meilleur des bactéricides, au fond des appartements. Avec des portes et des châssis vitrés, on éclairera les corridors et les pièces qui ne peuvent recevoir de jour direct.

On ne saurait trop répéter que l'humidité des appartements, d'où qu'elle provienne, les rend dangereux pour la santé. Qui ne connaît l'inconvénient d'« essuyer les murs » d'une maison neuve dont les maçonneries ne sont pas complètement sèches? Aussi, lorsqu'on sera pressé d'habiter une maison nouvelle, il sera absolument nécessaire de la chauffer auparavant au moyen de calorifères qu'on laissera pendant plusieurs jours dans chaque pièce. Ce moyen devra être couramment employé dans les régions envahies.

Lorsque l'humidité vient du sol, elle s'élève dans les murs par capillarité et rend les habitations très malsaines. Pour la combattre, il est nécessaire de construire dans toutes les maisons des caves aérées par des soupiraux. Dans les anciennes, on pourra se contenter de faire des demi-caves de 1 mètre à 1^m50 de hauteur, ou encore, lorsque le plan des eaux souterraines sera au-dessous des fondations, d'exécuter sous tous les planchers du rez-de-chaussée un remplissage en moellons de 1 mètre de profondeur. Dans la plupart des cas, ces travaux d'asséchement devront être complétés par un drainage du sol à l'effet d'abaisser le plan d'eau en tout temps au-dessous de la base des fondations. Pour des groupes de maisons un collecteur unique recueillera tout le produit des drains. Lorsque les murs auront été rasés presque jusqu'à terre par les bombardements, on pourra empêcher la propagation de l'humidité du sol en plaçant un enduit isolant horizontalement dans les murs. Ces travaux d'assainissement du sous-sol des maisons sont encore souvent méconnus, mais ceux qui savent leur importance évitent avec soin d'habiter des maisons sans caves, parce qu'elles sont toujours humides. Dans le même ordre d'idées, on se trouvera bien de bétonner le sol sur une certaine largeur autour des maisons placées sur des terrains très perméables, afin d'empêcher l'entrée dans le sol de l'eau de pluie et des souillures qu'elle entraîne.

On diminuera les causes d'infection en supprimant les fosses d'aisances non étanches, les puits suspects situés près des maisons, en reculant au fond des cours les écuries et les étables, dont le sol devra être bétonné, en écartant encore plus loin les fosses à fumier qui seront également rendues étanches.

Dès que ce sera possible, on créera partout, dans les villes et villages où il n'en existe pas encore, des réseaux d'égouts et des distributions d'eau potable à domicile, ainsi que le demandent depuis longtemps les comités d'hygiène de tous les pays.

On arrivera ainsi progressivement, et sans retarder l'entrée en possession des habitants, à réaliser tous les perfectionnements de l'hygiène moderne avec des dépenses toujours directement appropriées à l'objectif que l'on poursuit.

Ces dispositions, dont l'efficacité et l'économie ne sont pas douteuses, permettront d'attendre le moment où, la prospérité revenue, on pourra entreprendre les opérations de longue haleine que demanderont l'élargissement, le redressement des rues étroites ou le percement de voies nouvelles quand la nécessité en sera parfaitement bien démontrée.

Ordre d'exécution des travaux. — En vue de satisfaire les besoins les plus urgents, nous estimons qu'il faudra d'abord rendre habitable tout ou partie des maisons les moins détériorées, par exemple, de celles qui n'ont que de petites brèches, qui manquent simplement de portes et fenêtres ou qui ont perdu leur toiture. De la sorte, on pourra immédiatement loger les premiers cultivateurs qui reviendront préparer les récoltes prochaines, les petits commerçants, les artisans et les ouvriers dont le concours est nécessaire pour rendre l'existence possible.

Bien souvent, dans les bourgs et les villages totalement détruits ou au voisinage des fermes isolées, il sera nécessaire d'édifier tout d'abord des baraquements et maisonnettes en bois pour loger quelques habitants et les ouvriers nécessaires aux travaux. Ces constructions devront, autant que possible, être formées de panneaux démontables, posés sur des soubassements un peu surélevés au-dessus du sol, en dehors des emplacements définitifs, pour ne pas gêner les travaux. Le remplissage sous les planchers sera constitué par des moellons posés à sec. Dans ces conditions, les constructions en bois peuvent durer une vingtaine d'années et supporter plusieurs démontages. Au contraire, les maisons faites en planches clouées sont inutilisables si on est obligé de les démonter, ce qui rend leur emploi très onéreux et peu pratique.

Ces aménagements sommaires devront évidemment se poursuivre avec rapidité dans tous les centres d'habitations à restaurer. Souvent il suffira de distribuer des matériaux aux habitants pour qu'ils en fassent une bonne partie eux-mêmes à l'aide des conseils techniques qui leur seront fournis sur place par les agents de l'Administration.

Pendant ce temps, les directeurs des chantiers lanceront de nouvelles commandes de matériaux, feront attaquer le déblai des décombres dans les agglomérations les plus endommagées et préparer les poutrelles en béton armé destinées à la réparation des combles et des planchers. Nous avons déjà signalé combien il sera avantageux de commander longtemps à l'avance et d'accumuler les matériaux non périssables, comme les bois, les fers, les tuiles, les ardoises, les briques, et de faire commencer les ouvrages comme les menuiseries, les poutrelles en béton armé, les briques factices, carreaux en ciment, vitres, qui seront employés par grandes quantités.

Les déblais achevés, on commencera le bétonnage des murs sur les fondations anciennes en utilisant des bétonnières mécaniques, des voies Decauville et des appareils élévateurs pour le transport des matériaux.

En construisant les murs, il sera fréquemment possible d'exhausser les plafonds qui ne devraient jamais être à moins de 3 mètres au-dessus des planchers ; il sera également facile de laisser des ventouses d'aération dans les murs de chaque chambre. Aussitôt après l'élévation des murs, on exécutera les planchers et les toitures pour obtenir le plus vite possible des locaux habitables.

On s'attachera constamment à réparer en premier lieu les maisons les moins meurtries d'un même village ou d'un même quartier, pour accélérer le repeuplement uniforme en donnant la priorité aux maisons des habitants les plus indispensables à la vie publique, à celles des cultivateurs et des ouvriers notamment, ainsi qu'à celles des familles nombreuses dont les souffrances sont les plus vives.

Quand tous les habitants auront retrouvé un foyer, on mettra des équipes d'ouvriers spécialistes à faire les plafonds, les carrelages ou parquets, les enduits et crépis, les badigeons et peintures, à poser les chéneaux et tuyaux de descente et à exécuter les autres travaux de parachèvement extérieurs et intérieurs.

Dans ces conditions de spécialisation, les travaux seront menés avec célérité, car les enduits et crépis pourront être fouettés à l'air comprimé, les badigeons et peintures seront exécutés au pulvérisateur. Les prix s'en trouveront notablement diminués.

Dans les villes aussi bien que dans les campagnes, on terminera les maisons par les dépendances telles que : écuries, remises, étables, hangars, granges, murs de clôture, qui présentent évidemment moins d'urgence.

Les travaux de voirie qui faciliteront les transports, les travaux indispensables d'assainissement du sous-sol, que l'on ne pourrait entreprendre plus tard qu'au prix de nouvelles démolitions dans les planchers des rez-de-chaussée, seront poursuivis en même temps que ceux des réparations.

L'alimentation en eau potable devra toujours être la première préoccupation des constructeurs. Il entre, paraît-il, dans les principes des Allemands d'empoisonner les eaux des pays qu'ils sont forcés d'évacuer. Nous ne savons si, dans le désarroi qui accompagnera leur retraite, la crainte de dures représailles ne les empêchera pas d'accomplir des forfaits aussi difficiles à justifier. Mais ce dont on peut être sûr, c'est que les eaux seront partout souillées et contaminées, volontairement ou non, par leur fait. Le droit des gens n'interdit d'ailleurs pas cette dernière pratique. Il sera par conséquent nécessaire de vider les puits, les citernes, les réservoirs, de les nettoyer et de les désinfecter. Les captages de sources feront l'objet de nettoyages méthodiques et de recherches minutieuses aussitôt après l'évacuation de l'ennemi, afin de faire disparaître toutes les causes de contamination accumulées pendant la guerre. Les conduites et les parties accessoires des distributions d'eau devront de même être vérifiées, nettoyées et réparées avant d'être remises en service. Une précaution absolument indispensable pour les habitants sera de ne jamais boire d'eau avant que les analyses ou des expériences sur des animaux n'en aient démontré l'innocuité complète, et de n'utiliser que de l'eau bouillie ou chimiquement purifiée jusqu'à ce que les travaux de désinfection soient achevés.

Gain à prévoir sur les dépenses des travaux. — Si l'organisation d'ensemble et les procédés de construction que nous préconisons sont mis en application, quel sera le gain qu'on en retirera au point de vue du coût et de la durée des travaux?

En nous basant uniquement sur la surface du territoire français envahi, nous allons essayer tout d'abord de faire une évaluation des dépenses probables à envisager pour les réparations des maisons.

Nous admettons que 1.5oo villes, bourgs et villages seront dévastés, tant en France que dans les provinces reconquises; que dans chacune de ces agglomérations le nombre moyen des maisons endommagées ou détruites, auxquelles la méthode pourra être appliquée, sera de 100, et que la valeur moyenne de ces maisons, y compris leurs dépendances, estimée avant la guerre, était de 7.000 francs.

Nous supposons que dans chaque maison endommagée, un tiers environ de la valeur de la bâtisse (fondations, soubassements et murs, matériaux, etc.) pourra être conservé ou utilisé dans la réparation.

La dépense à prévoir pour la reconstruction sera égale aux deux tiers de 7.000 francs, c'est-à-dire à

$$\frac{7.000 \times 2}{3} = 4.660 \text{ francs environ par maison.}$$

Mais la hausse des matériaux et de la main-d'œuvre après la guerre augmentera tous les prix de 25 °/₀ au moins, si les réparations sont faites individuellement, ce qui portera la dépense par maison à

$$4.660 + \frac{4.660}{4} = 6.000 \text{ francs environ.}$$

D'où, pour l'ensemble, une dépense totale à prévoir de :

$$1.500 \times 100 \times 6.000 = 900 \text{ millions de francs}$$

qu'il faudra augmenter de 50 millions au moins pour travaux d'assainissement.

Cette évaluation est plutôt au-dessous de la vérité. D'autres l'ont portée à 1 milliard et même à davantage. Toute précision plus grande sera impossible tant que l'inventaire complet n'aura pu être effectué ([1]).

Pour la malheureuse Belgique, on peut compter que les dépenses seront à peu près les mêmes qu'en France. En Russie, les territoires envahis sont beaucoup plus importants que de notre côté, mais tant à cause de la densité de sa population que de son développement économique qui sont plus faibles, nous ne pensons pas que les dépenses qui nous occupent, calculées sur les mêmes hypothèses, y atteignent 2 milliards.

Si les réparations sont faites comme nous le proposons, l'économie sur les maçonneries sera en moyenne de 40 °/₀ ; sur les combles, les planchers, les menuiseries, de 20 °/₀ ; sur les enduits, badigeons et peintures, de 40 °/₀.

Dans l'ensemble, en comptant les dépenses d'installation et d'outillage, les frais de direction et de surveillance, on peut facilement admettre que l'éco-

---

(1) En regard, il n'est pas sans intérêt de placer le bilan des dégâts de la guerre de 1870-1871, où les explosifs jouèrent un rôle beaucoup plus modeste qu'actuellement :

Travaux publics réparés par l'État	207 millions
Indemnités payées par l'État aux départements et aux particuliers.	604 —
Dommages supportés par les communes et non remboursés par l'État	535 —
Total	1.346 millions

A cette époque, le Parlement n'a pas admis le droit à la réparation intégrale. Le montant total des dégâts doit donc être considéré comme ayant été sensiblement plus élevé.

nomie possible sera de 25°/₀ au moins, soit plus de 200 millions de francs pour la France seule. C'est un beau denier dont il serait réellement regrettable, dans les circonstances que nous traversons, de faire fi par défaut d'organisation et de décision.

Dans les pays alliés, on peut attendre les mêmes bienfaits de cette méthode rationnelle qui nous paraît devoir s'imposer partout à l'attention des Pouvoirs publics.

Durée des travaux. — Nous ne pouvons faire que des conjectures sur le temps qui serait nécessaire pour exécuter individuellement tous les travaux de réparation sous le régime du laisser-faire, avec paiement en espèces d'indemnités proportionnelles aux dégâts. Néanmoins, ce que nous avons dit au sujet des difficultés de main-d'œuvre, de transport et de fourniture de matériaux permet de se faire une idée des lenteurs, des hésitations, des fausses manœuvres et des interruptions au milieu desquelles se poursuivraient les travaux particuliers. Dans leur hâte de se réinstaller chez eux pour reprendre leurs occupations, la plupart des sinistrés auraient recours à des constructions provisoires en bois dont le prix est peu élevé, 600 à 800 francs par chambre, et l'édification très rapide, à condition que le bois ne fasse pas défaut. Mais ces maisons sont loin de présenter les conditions d'hygiène et de confort des bâtisses en pierre. Elles dépérissent plus vite et sont exposées à la destruction complète par les incendies. C'est donc une mauvaise opération pour les particuliers.

Progressivement les habitants entreprendraient ensuite leurs maisons définitives, quand ils seraient las de la précarité de leurs foyers et qu'ils auraient pu accumuler quelques ressources pour ajouter aux reliquats de leurs indemnités. Il est possible, il est même probable que dix ans après la guerre des maisons ne seraient pas encore complètement refaites. Et ce serait au préjudice de la santé des citoyens dépourvus d'habitations saines, de l'hygiène morale des populations de la frontière, de la prospérité du pays.

Par contre, dans l'hypothèse de l'exécution des travaux par l'État, on peut calculer leur durée d'une façon plus certaine. Car, alors, ni la compétence ni les capitaux, la main-d'œuvre pas plus que les matériaux, ne feront défaut pour les raisons que nous avons exposées.

Dans ces conditions, si l'on déduit de l'évaluation des dépenses l'économie probable que nous avons calculée précédemment, le coût total des travaux ressort à :

900 millions — 200 millions = 700 millions.

Nous avons rappelé que la main-d'œuvre entre pour moitié environ dans le prix des travaux publics ou privés ordinaires, entrepris en dehors des périodes de crise. Si l'on se basait complètement sur ce fait d'expérience, il faudrait compter que la dépense de main-d'œuvre sur les chantiers atteindrait 35o millions.

Mais comme beaucoup d'ouvrages entrant dans les constructions (menuiseries et parquets, poutrelles de planchers et de combles, dalles à planchers, etc.) seront commandés et usinés à l'avance; comme, d'autre part, l'emploi intensif et généralisé d'engins mécaniques, joint aux procédés économiques de construction que nous préconisons, procureront une grande diminution de la main-d'œuvre nécessaire sur les chantiers, nous pouvons largement diminuer de moitié la dépense de main-d'œuvre restant à faire sur place et la réduire à 175 millions.

La plupart des matériaux (chaux, ciment, bois, fer et métaux, briques, tuiles, carreaux, vitres, poutrelles) ayant pu être accumulés avant la fin de la guerre, c'est le temps nécessaire pour faire cette dépense de main-d'œuvre qui seul déterminera la durée des travaux.

Si l'on réunit sur l'ensemble des chantiers un effectif de 5o.ooo ouvriers, ce qui est très réalisable en utilisant nos ressources coloniales, on pourra compter leur salaire journalier moyen à 6 francs, à cause des frais de transport, d'installation, des frais de direction, des assurances et des dépenses médicales.

La dépense totale de main-d'œuvre par jour sera de :

$$50.000 \times 6 = 300.000 \text{ francs}$$

et les 175 millions de main-d'œuvre pourront être dépensés entièrement en $\dfrac{175.000.000}{300.000} = 583$ jours.

En comptant 300 jours de travail par année, on voit qu'en deux années les travaux seront entièrement achevés.

Ainsi les réparations seraient faites avec ordre, sans à-coups, au milieu de la confiance générale, ce qui aiderait beaucoup au relèvement économique rapide des provinces envahies.

On peut en déduire qu'on gagnerait deux ou trois années et peut-être davantage sur la période nécessaire pour arriver aux mêmes fins sans aucune organisation d'ensemble.

Un pareil résultat, dont la réalisation est sûre, ne doit pas nous laisser plus longtemps hésiter. Il y a un nouveau et éclatant succès à remporter par la France, succès de ses forces morales et économiques sur les mêmes champs de bataille devenus silencieux, mais où la lutte des hommes contre l'adversité restera rude et longue.

Conclusion. — Comme on le voit, le problème de la réparation intégrale des désastres, commis le plus souvent pour le simple plaisir de détruire, par les hordes allemandes, se présente comme un des plus difficiles que les hommes aient eu à résoudre.

Un effort énorme sera nécessaire pendant plusieurs années ; il exigera des capitaux et des concours très importants.

Il est incontestable que l'intérêt des victimes et celui de la nation s'accordent pour demander que la réparation soit très rapide.

L'organisation et les procédés d'exécution que nous proposons répondent particulièrement à ce but, tout en réduisant les dépenses dans une proportion très sensible.

Cette méthode de travail fera cesser très vite une des plus cruelles souffrances des réfugiés, celle qui résulte de leur éloignement du pays natal et de leurs foyers, en permettant de les loger immédiatement dans les locaux les moins détériorés. Elle leur enlèvera les grosses préoccupations, faciles à concevoir chez des hommes plus habitués à semer qu'à bâtir. En même temps, elle activera la reprise de la vie agricole et industrielle.

Enfin elle permettra de régler la marche des travaux suivant un ordre rationnel qui conciliera les intérêts des particuliers avec ceux de la collectivité, par l'application des principes féconds de la justice sociale et de la solidarité nationale.

TABLE DES MATIÈRES

NANCY, IMPRIMERIE BERGER-LEVRAULT — MARS 1916

ACHEVÉ D'IMPRIMER APRÈS LE 5e BOMBARDEMENT DE LA VILLE

BERGER-LEVRAULT, LIBRAIRES-ÉDITEURS

PARIS, 5-7, rue des Beaux-Arts — rue des Glacis, 18, NANCY

L'Absinthe et l'Alcool dans la Défense nationale (*Russie, France, Grande-Bretagne*), par Léon GOULETTE, président de l'Association de la Presse de l'Est. Préface de Henri SCHMIDT, député, rapporteur des derniers projets de loi. 1915. Volume in-12 . . . . **2 fr. 50**

Les Indésirés. *Documents recueillis dans les journaux quotidiens, les revues et les enquêtes. Solution gouvernementale*, par Léon GOULETTE, président de l'Association de la Presse de l'Est. 1915. Volume in-12 . . . . **75 c.**

L'Allemagne et le Droit des gens, *d'après les sources allemandes et les archives du Gouvernement français*, par Jacques DE DAMPIERRE, archiviste-paléographe. 1914. Volume in-4, avec 103 gravures (vues, portraits, fac-similés de documents) et 13 cartes . . . . **6 fr.**

Les Violations des lois de la Guerre par l'Allemagne (Publication du ministère des Affaires étrangères). 1915. Volume grand in-8, avec de nombreuses photographies . . . . **1 fr.**

La Violation du Droit des gens en Belgique. *12 Rapports de la Commission d'enquête.* Préface de J. VAN DEN HEUVEL, ministre d'État. Avec des extraits de la lettre pastorale du Cardinal MERCIER, archevêque de Malines. 1915. Volume in-8 de 168 pages, avec 5 planches . . . **1 fr. 25**

— 2ᵉ VOLUME. *Rapports 13 à 22 de la Commission d'enquête. Fac-similés de carnets de soldats allemands. Correspondance du Cardinal Mercier, etc.* 1915. Volume in-8 de 198 pages . . . . **1 fr. 50**

La Provocation allemande aux Colonies, par PIERRE-ALYPE. Préface de M. Albert SARRAUT. Ouvrage honoré d'une souscription du ministère des Colonies. 1915. Volume grand in-8 de 286 pages, avec 10 cartes . . **5 fr.**

La France aux États-Unis. *Comment concurrencer le commerce allemand*, par Louis ROUQUETTE. 1915. Brochure in-8 . . . . **1 fr. 25**

L'Autriche et la Hongrie de demain. *Les différentes nationalités d'après les langues parlées*, par Arthur CHERVIN, ancien président de la Société de Statistique de Paris et de la Société d'Anthropologie. 1915. Volume grand in-8, avec de nombreux tableaux statistiques et 6 cartes ethniques. **3 fr. 50**

La France de Demain, par Lucien DE BONNEFON. 1915. Broch. in-12. **30 c.**

La Valeur immobilière du Territoire français envahi au 15 novembre 1914. Communication faite à la Société de Statistique de Paris, par E. MICHEL, inspecteur principal du Crédit Foncier de France. 1915. Brochure grand in-8 . . . . **1 fr.**

CONFÉRENCES DE GUERRE

DES PROFESSEURS

DU CONSERVATOIRE NATIONAL DES ARTS ET MÉTIERS

BEAUREGARD (Paul). — **La Vie économique en France pendant la guerre actuelle.** 1915. . . . . **40 c.**

FLEURENT. — **Un Effort à faire. Les Industries chimiques en France et en Allemagne.** *Aperçu général sur les causes de leur développement comparatif* . . . . **75 c.**

JOB (A.). — **La Chimie du feu et des explosifs** . . . . **40 c.**

LIESSE (André). — **L'Organisation du Crédit en Allemagne et en France.** 1915. . . . . **90 c.**

VIOLLE (J.). — **Du Rôle de la physique à la guerre.** *De l'avenir de nos industries physiques après la guerre.* Avec 26 figures. 1915. . . . . **75 c.**

...on des Dommages causés par la Guerre, par L. Arm...
... la Cour d'appel de Paris, 1915. Vol. in-12 de 320 pages, br... 3 fr.

LÉGISLATION DE GUERRE 1914-1916

Collection publiée sous la direction de A. SAILLARD ✳, O. I, C. ...

CHEF DE BUREAU AU MINISTÈRE DE L'AGRICULTURE

Série de fascicules in-12, brochés

Les Loyers et le Moratorium. *Guide complet pour les propriétaires et les locataires,* par A. SAILLARD. — Brochure de 64 pages . 75 c.

Les Baux à ferme, les Métayages et le Moratorium, par A. SAILLARD. — Brochure de 32 pages . . . . 40 c.

Les Affaires, la Bourse, les Banques et la Guerre. *Étude complète,* par F.-J. COMBAT, chef de portefeuille, expert-comptable judiciaire. Brochure de 96 pages . . . . 1 fr. 25

Les Finances publiques et la Guerre. *Étude d'ensemble (France et Étranger),* par F.-J. COMBAT. — Brochure de 96 pages . . . 1 fr. 25

Le Séquestre des biens des Allemands et des Austro-Hongrois. *Guide juridique et pratique,* par A. SAILLARD, en collaboration avec un Administrateur Séquestre. — Brochure de 96 pages . . . 1 fr. 50

Mesures douanières, Prohibitions et Contrebande de guerre. *(En préparation.)*

Décès et Disparitions aux armées, *Constatation, Formalités, Successions,* par H. FOUCKROL, docteur en droit, avocat à la Cour d'appel de Paris, attaché au cabinet du Sous-secrétaire d'État à la Guerre. — Brochure de 64 pages . . . . 75 c.

Les Droits des Veuves et des Orphelins des militaires tués à l'ennemi. *Renseignements pratiques et textes,* par A. SAILLARD et H. FOUCKROL. — 3e édition. Brochure de 166 pages . . . 1 fr. 50

Les Blessés de guerre, *Prothèse et Rééducation professionnelle,* par Paul RAZOUS, inspecteur du travail dans l'industrie. — Brochure de 64 pages . . . . 1 fr.

Les Allocations aux familles des Mobilisés, *avec les solutions des cas d'espèces les plus fréquents, d'après les instructions administratives,* par A. SAILLARD et H. FOUCKROL. — Brochure de 112 pages . 1 fr. 25

Les Dommages de guerre, *Constatation et Évaluation. Catégories de dommages, Formules à remplir, Textes officiels, Tableaux et formules.* — Brochure de 112 pages . . . . 1 fr. 25

Les Assurances et la Guerre, *avec commentaire juridique et pratique,* par F.-J. COMBAT. — Brochure de 80 pages . . . . . 1 fr.

La Croix de Guerre et les décorations militaires, par A. SAILLARD et H. FOUCKROL. — Brochure de 90 pages . . . . . . 1 fr. 25

Les Pensions militaires . . . . *(En préparation.)*

Le Travail des Femmes à domicile, par F.-J. COMBAT. — Brochure de 80 pages . . . . 1 fr. 25

Condition civile des mobilisés. — *Actes de l'état civil, Mariage par procuration, Obligations et droits civils,* par H. FOUCKROL. *(Sous presse.)*

L'Alcool et les débits de boissons . . . . *(En préparation.)*

NANCY, IMPRIMERIE BERGER-LEVRAULT